Editions Sociologiques et Financières. Brochure n° 92

Les Rois de la Métallurgie

SCHNEIDER ET LE CREUSOT

PAR

J. POIREY-CLÉMENT

75 Centimes

EDITION DE LA REVUE *L'IDÉE LIBRE*
CONFLANS-HONORINE (SEINE ET OISE)
1924

Schneider et Le Creusot

La firme Schneider, quoique mieux connue du grand public, est cependant bien moins importante (*consortium à part*) et surtout beaucoup moins ancienne dans la grande industrie sidérurgique que celle des de Wendel, qui compte plusieurs centaines d'années d'existence.

Ch.-P.-Eug. Schneider, le maître de forges bourguignon, grand industriel métallurgique, fabricant de canons, de plaques blindées et d'obus encore plus que de locomotives et d'outillage mécanique industriel et agricole, n'était encore, il y a une dizaine d'années à peine, qu'un gros chaudronnier, alors que ses parents et associés (et parfois ses rivaux, enviés et jaloux) les de Wendel, maîtres de forges lorrains, élaboraient dans leurs 25 hauts-fourneaux le cinquième (1 million de tonnes) de la production française de la fonte (5 millions de tonnes en 1913 et 1921), matière première initiale de l'industrie métallurgique.

Alors que Le Creusot ne date guère que de 1774, voire 1781, la famille de Wendel achetait, en 1704, les établissements de Moyeuvre-la-Grande, ex-propriété du capitaine Fabert (devenu maréchal de France en 1658) qui comprenait : 1 haut-fourneau, 1 forge, 2 fonderies, 2 affineries et 1 platinerie, et rapportait 5.000 pistoles d'or par an, soit 50.000 francs de notre monnaie actuelle. Hayange produisait alors 1.500 tonnes de fonte par an environ.

En 1253, Henri de Monestoy céda par acte de vente à Hugues IX, duc de Bourgogne, la ville de Villedie-sous-Montcenis et Le Creusot avec ses dépendances tant en bois et prés qu'en hommes.

En 1666, Le Creusot, y compris Le Breuil et ses dépendances, avait 80 feux et 350 à 400 habitants. Jusqu'en 1770, il n'existait sur l'emplacement de l'usine et de la ville, la montagne des Riaux, que quelques misérables cabanes habitées par des familles de cultivateurs.

En 1774, une charbonnière (mine de charbon), puis une forge furent exploitées en ce lieu. En 1781, Louis XVI, sur les rapports favorables de savants compétents, se mit à la tête d'une société pour l'exploitation de la charbonnière et d'une fonderie de fer au charbon (procédé anglais récent). Le capital de cette société fut fixé à 10 millions de francs. divisés en 40.000 parts, et la raison sociale fut : Perrier, Bellinger et Cie. En 1784, le roi approuva les statuts et, en 1785, M. Ramus étant directeur, l'usine occupait et logeait déjà 1.500 ouvriers.

En 1786, l'usine du Creusot (Montcenis) comprenait, d'après le rapport de M. Diétrich, commis aire du roi, à la visite des mines : 4 hauts-fourneaux de 39 pieds d'élévation, fondant le minerai de fer avec la houille désoufrée, 4 fourneaux à réverbère, coulant des masses de 12 milliers d'un seul jet et rendant le fer susceptible d'affinage avec les cokes (charbon de terre désoufré), méthode découverte par les Anglais après vingt-cinq ans de recherches, 5 machines à feu servant à la fois à l'extraction du charbon, à la ventilation des fourneaux et à la mise en mouvement des gros marteaux des forges. L'ingénieur anglais Willeinson était l'organisateur de ces installations nouvelles qui remplaçaient avantageusement par l'emploi des machines à feu chauffées au charbon de terre et l'emploi du coke à la fusion du minerai de fer, celui de la force motrice des cours d'eau, sujette à caution, et de la fusion par l'action du charbon de bois, onéreuse et destructive de forêts.

En 1787, la Cristallerie de la Reine, établie à Sèvres, fut transférée au Creusot. En 1792, la maison de Wendel prit une part importante dans la société Perrier, Bellinger et Cie qui possédait des houillères. En 1793, Le Creusot fut érigé en commune.

En 1809, Le Creusot coule la première charpente en fonte destinée à la Halle aux blés de Paris. Après 1815, les établissements du Creusot perdent de leur importance, le gouvernement français ayant repris à son compte la fabrication des canons et projectiles de guerre et la consommation du matériel et des munitions de ce genre ayant considérablement diminué en raison de la cessation des guerres napoléoniennes.

En 1818, le 11 mai, la société Perrier, Bellinger et Cie, par suite du manque de travail sévissant en France du fait d'une crise concomittante au retour des Bourbons, se décida, après avoir absorbé un capital de 14 millions, à vendre ses mines et son usine à M. Chagot pour la somme de 905.000 francs. En 1826, M. Chagot, ayant donné une grande impulsion à l'usine, (Le Creusot comptait alors 2.500 habitants) vendit le tiers de sa propriété à une société anglaise : Manby et Wilson, pour un million.

Les nouveaux propriétaires du Creusot ne tardèrent pas à voir leurs affaires péricliter et, en 1833, ils furent déclarés en faillite, après avoir perdu une dizaine de millions.

Une vente judiciaire adjugea à MM. Coste, Jules Chagot et Cie Le Creusot et ses dépendances. Après une transaction pour empêcher une surenchère, toutes les valeurs actives de la société restèrent la propriété des frères associés, Joseph-Eugène et Adolphe Schneider, qui constituèrent aussitôt l'entreprise en société en commandite par actions, dont ils furent les deux gérants.

***

Jospeh-Eugène Schneider, neveu du général Antoine-Virgile Schneider, naquit à Bidestroff, en 1805. Il avait débuté dans l'existence comme employé du baron Seillière, banquier, et était directeur des Forges de Bazeilles lorsqu'il acheta Le Creusot. C'était à la fois un technicien et un praticien de la finance, en même temps que de la métallurgie. En bon Alsacien, il se montrait tenace et entreprenant.

En 1845, son frère aîné, Adolphe, étant mort d'une chute de cheval, à l'endroit où depuis fut élevé un monument commémoratif, Joseph-Eugène Schneider resta seul gérant de la société qu'ils avaient constituée tous deux.

Pendant les années 1848, 49, 50 et 51, le nouveau gérant vit ses affaires péricliter de façon presque désastreuse. Mais, après le coup d'Etat du 2 décembre, s'étant rallié à Napoléon III et à sa politique, il vit, grâce à l'appui de l'Empereur, son usine prendre un essor prodigieux.

C'est au Creusot que furent fabriqués le premier marteau-pilon et les premières locomotives de France. C'était la grande époque de la construction des chemin de fer, et il fallait des rails en quantité considérable. J.-E. Schneider fit alors construire la nouvelle grande forge, qui comprenait 98 fours à puddler, des laminoirs pour rails, fers à planchers et fers marchands de tous profils, ainsi que des tôleries. A ce moment, l'usine du Creusot, outre cette grande forge, comprenait : 5 hauts-fourneaux, une fonderie pour les canons et les gros ouvrages en fonte, des forges et des ateliers pour la construction de machines diverses, une fonderie de cuivre et de bronze, des fabriques de cuivre laminé et une vaste cristallerie. Le Creusot comptait à cette époque 14.500 habitants.

J.-E. Schneider entra alors dans la politique. Grand ami et conseiller de l'Empereur Napoléon III, il devint président de ce fameux Corps législatif, si servile. Il l'était encore au 4 septembre 1870, lors de la proclamation de la troisième République.

Entre temps, en janvier 1870, éclata, au Creusot, la première grève provoquée par les métallurgistes conduits par Assi, membre de la première Internationale. L'intervention de la troupe, sollicitée par J.-E. Schneider, la fit échouer, de même que la grève des mineurs, qui eut lieu en mars. Néanmoins, le gérant de l'usine redoutant l'effervescence que le renvoi de nombreux ouvriers n'avait pas calmée, accorda la journée de dix heures et la suppression des versements à la caisse, dorénavant alimentée par l'intérêt du capital accumulé et une subvention de l'usine.

La guerre de 1870 procura d'immenses bénéfices au Creusot, grand fournisseur de canons et d'obus, si bien que lorsque J.-E. Schneider mourut, en 1875, il laissait, outre une grande usine pourvue d'un bon matériel et d'un personnel de choix, une centaine de millions de francs.

Paul-Henri Schneider, associé à la gérance de l'usine du vivant de son père, lui succéda à sa mort, comme gérant unique, cependant que l'ingénieur Mathieu remplaçait, comme député à la Chambre, le vieux métallurgiste décédé. Le nouveau gérant continua sans grand éclat l'œuvre paternelle, solidement établie au double point de vue technique et financier.

Aux élections générales de 1877, l'ingénieur Mathieu, paraît-il né à Coblentz, fut battu par un républicain, M. Reynaud, maire d'Uchon, à une très forte majorité. Au Creusot, cette majorité fut de 350 voix. Les ouvriers qui étaient électeurs dans les communes où M. Mathieu avait été mis en minorité (et ceux qui étaient suspects de républicanisme) furent renvoyés de l'usine.

A cette date, fut fondée une organisation de mouchards, sous la direction d'un ancien briqueteur belge, depuis valet de chambre des Schneider. Cet organisme occulte confectionna des fiches concernant les opinions et les antécédents de tous les habitants du Creusot et des environs. Il renseignait même, à ce sujet, la police, qui ne dédaignait pas de se servir à l'occasion des rapports de cette officine de mouchardage.

En 1881, M. Reynaud étant décédé, le docteur Martin, républicain, fut seul candidat. Redoutant un échec comme celui de 1877, les dirigeants de l'usine empêchèrent les ouvriers d'aller voter et, par l'organe des contremaîtres, ils osèrent déclarer que ceux qui voteraient seraient mal considérés. Le résultat fut qu'au Creusot il y eut 1.300 votants sur 7.000 inscrits. Néanmoins, le candidat républicain fut élu. Une enquête demandée par les républicains au sujet des agissements des dirigeants du Creusot fut étouffée et ne comporta aucune suite.

P.-Henri Schneider, plus tard, fut enfin élu député et maire du Creusot, grâce aux voix de ses ouvriers terrorisés par les mouchards, qui faisaient renvoyer par leurs délations ceux qui avaient des opinions avancées.

En 1883, un essai de syndicat échoua. La liste des membres ayant été vendue à la direction de l'usine, ils furent impitoyablement chassés.

Dans le courant de mai 1899, les ouvriers des hauts-fourneaux et de la plate-forme, peu payés et fournissant un labeur exténuant, demandèrent 0 fr. 25 d'augmentation par jour, en refusant de travailler tant qu'on ne leur donnerait pas satisfaction.

Le sous-préfet d'Autun, avisé du mouvement par la direction, reconnut la légitimité de ces revendications qui furent acceptées par Charles-Prosper-Eugène Schneider, fils de Paul-Henri, décédé en 1898.

Quelques jours après, les ouvriers de la grande forge demandèrent à leur tour 0 fr. 25 d'augmentation par jour pour les manœuvres, dont les plus favorisés gagnaient de 3 fr. 25 à 3 fr. 50. On ne les écouta pas et la grève fut déclarée dans toute l'usine le lundi 29 mai 1899.

Le mercredi 31 mai, le préfet de Saône-et-Loire, le sous-préfet d'Autun, la gendarmerie de presque tout le département, deux régiments d'infanterie, un escadron de dragons et un escadron de chasseurs arrivèrent sur les lieux. Plusieurs députés et militants socialistes, tels que Maxence Roldes, Dejeante, Coutant arrivèrent à leur tour pour encourager les grévistes à la résistance. Il y eut alors des incident violents.

Une délégation alla trouver E. Schneider et lui demanda entre autres choses son avis sur la cause de la grève. Ce magnat incrimina le désordre, né de son entêtement, à la jeunesse de l'usine, turbulente et inconstante. Il ajouta que les pères de familles ne demandaient qu'à travailler.

— Alors, vous n'avez qu'à faire rentrer vos ouvriers, répondirent les délégués et nous vous y invitons.

Le lendemain, des affiches apposées disaient :

A mes ouvriers,

Le travail reprendra demain matin vendredi 2 juin. Tout ouvrier qui reprendra le travail n'en sera pas fâché et ne s'en repentira pas.

Signé : SCHNEIDER.

300 ouvriers (sur 9.000) rentrèrent, mais ne purent ressortir, l'administration de l'usine se chargea de leur nourriture, constituée surtout de charcuterie (ce qui les fit longtemps surnommer « mangeurs de saucissons »). E. Schneider, qui s'était mépris sur les intentions de son personnel, accorda une augmentation de 0 fr. 25 aux ouvriers de plus de 21 ans, de 0 fr. 20 à ceux de 18 à 21 ans, et 0 fr. 15 à ceux au-dessous de 18 ans. Le travail fut alors repris.

Dès lors, un syndicat qui, paraît-il, existait déjà de façon occulte, mais à l'était rudimentaire, prit soudain une grande extension. En quelques jours, 6.000 ouvriers y adhérèrent.

Une autre grève, provoquée par le renvoi de deux jeunes ouvriers ayant pris part à une manifestation contre un chef d'équipe de l'artillerie, se termina par un arbitrage.

En 1900, aux élections municipales du Creusot, grâce à toutes sortes de manœuvres (falsifications des listes électorales, vote des soldats et des défunts, pression administrative et patronale) la liste réactionnaire fut élue.

Dès cette époque, les vexations redoublèrent contre les syndiqués. Un syndicat « jaune » fut formé. Des querelles entre « jaunes » et « rouges » amenèrent, le 4 juillet 1900, malgré l'opposition du Conseil syndical, une grève des ouvriers de la grande forge. Le 16 juillet, cette dernière fut fermée et gardée par des gendarmes. De nombreuses arrestations furent opérées sans motifs et beaucoup de grévistes emmenés à Autun, menottes aux mains, se virent condamnés à des peines variant de deux à huit mois de prison.

Par voie d'affiches, les ouvriers furent invités à passer au bureau d'embauche, où l'on examinait la fiche constituée sur chacun d'eux par les mouchards. Suivant les indications, favorables ou non de cette fiche, l'ouvrier était repris ou renvoyé. Beaucoup furent repris comme auxiliaires pouvant être renvoyés d'un jour à l'autre et n'ayant droit, ni à l'assistance médicale, ni à la chauffe de résidu, ni à la retraite. Ceux de ces derniers qui se soumirent, par la suite, en adhérant au syndicat jaune, virent leur peine suspendue.

1.500 ouvriers furent renvoyés de cette façon et 800 refusèrent de solliciter de l'embauche dans de telles conditions. Ces 2.300 ouvriers quittèrent Le Creusot et allèrent, pour la plupart, travailler à Paris ou dans l'Est de la France.

La vengeance de E. Schneider et des directeurs de ses services s'exerça impitoyablement sur les ouvriers, même les plus miséreux. Des pères de dix enfants, des orphelins dont le père avait été tué au travail, furent chassés sans merci.

Le syndicat rouge se trouva ainsi abattu. Peu après, le syndicat jaune, redouté des dirigeants de l'usine, craignant qu'il ne se muât en syndicat rouge, disparut à son tour. Il paraît même que sa caisse fut emportée par celui qui la gérait.

Un instant, vers 1915, les ouvriers du Creusot semblèrent vouloir se réveiller, car aux 7.000 mobilisés, sur les 13.500 que comptait l'usine en 1914, 13.000 autres, dont 8.000 exotiques, étaient venus se joindre, amenant des éléments nouveaux. Ce mouvement de réveil ne dura pas, et, maintenant, en 1923, c'est à peine si le syndicat des métallurgistes groupe quelques dizaines d'ouvriers timorés, incapables de réagir contre l'hostilité et la méfiance de leurs compagnons terrorisés par l'administration de l'usine.

Ch.-P.-Eugène Schneider, député, gère en maître, depuis vingt-quatre ans, la société Schneider et Cie. La grande guerre de 1914-1918 a procuré à cette société des bénéfices immenses par la fourniture intense de matériel de guerre aux belligérants. On estime ses bénéfices, en 1917 et 1918, à raison de 300 millions par mois. Seulement, on peut lire attentivement son bilan sans parvenir à découvrir le moindre indice de bénéfices aussi fabuleux. Dissimulés habilement aux actionnaires, éternelles dupes de cette société, comme de tant d'autres, gérés par d'aussi voraces et peu scrupuleux administrateurs, ces bénéfices colossaux ont été employés en constructions diverses, telles que celle de la nouvelle usine du Breuil, proche du Creusot, et en participations à des sociétés en Pologne, en Tchéco-Slovaquie, en Yougo-Slavie, en Hongrie et en Roumanie.

***

En 1786, la société Perrier, Bellinger et Cie, de Montcenis (Le Creusot) contrôlait la fonderie d'Indret et, déjà, fournissait à la marine l'armement des vaisseaux des colonies et des côtes du royaume en canons et en boulets. Entre temps, elle fabriquait des machines à feu, des tuyaux de conduite, des chaudières et des cylindres de moulins à sucre pour les colonies, de la poterie et du fer forgé. Elle avait aussi une verrerie à gobeletterie, verre de table et verre à vitre à la manière anglaise.

La proximité de Montcenis, du canal du Charolais, situé à une demie-lieue, lui assurait des communications faciles avec les deux mers, le mettait en rapport avec les ports de l'Océan et de la Méditerranée et avec Saint-Etienne, Saint-Chamond et Lyon, qui consommaient beaucoup de fonte et de fer.

Longtemps, Le Creusot conserva le monopole des fontes au coke. Partout, en France, on se servait du bois, surtout dans le bassin de Briey, couvert de forêts. Seul, dans l'Est, de Wendel à Hayange, l'imitait. En 1811, Le Creusot coula les lions de l'Institut en cette matière, afin d'en démontrer l'excellence. En 1864, Le Creusot livrait par an 11.000 tonnes de produits finis sur les 215.000 tonnes que produisait la région métallurgique du Centre, alors la plus forte productrice de France. Celle du Nord en produisait, à ce moment, 106.000; celle du Gard et de l'Aveyron 77.000; la région de l'Est, la plus puissante actuellement, 99.000 tonnes seulement.

En novembre 1879, le premier convertisseur Thomas fut installé à l'usine du Creusot.

La région du Centre, assez riche en charbon, l'est moins en minerai de fer. Au début, et assez longtemps, Le Creusot fut alimenté par les mines de fer de Stenay et de Vandeuvre, dans la Nièvre. Quand les frères Schneider, après la troisième liquidation, prirent la direction de l'usine, les mines de fer de Change et de Marzenay, situées à 20 kilomètres du Creusot, l'alimentèrent à peu de frais, grâce aux chemins de fer récemment construits. Les dirigeants du Creusot durent, par la suite, utiliser les minerais de fer d'All vard, dans l'Isère. De 1878 à 1892, ils en consommèrent 1 million de tonnes. Déjà, la région lorraine, grâce au procédé de déphosphoration Thomas, concurrençait sérieusement la région du Centre. Elle fournissait la tonne de rail à 58 francs, quand le Creusot la vendait 65.

Les charbonnages proches du Creusot s'épuisaient également, et P.-H. Schneider dût acheter les mines de houille de la Machine, près Decize, dans la Nièvre, à la Cie Gargan, et celles de Montchanin.

En 1899, Le Creusot, sur 168.000 tonnes de fonte traitées, en avait élaboré 100.000 dans ses hauts-fourneaux, le reste provenait de la région lorraine. La société Schneider et Cie dut, pour soutenir péniblement la concurrence de celle-ci, y acheter des mines de fer. Elle jeta son dévolu sur celle de Droitaumont près Jarny (en Meurthe-et-Moselle). Dans cette région, elle avait également participé, en 1882, à la fondation de la puissante usine de Jœuf.

C'est alors que, pour lutter efficacement contre la concurrence grandissante de l'Est touchant la matière première, la société Schneider se consacra à l'élaboration des aciers spéciaux et à la fabrication des plaques de blindage, des canons, des locomotives, des affûts, des essieux, des obus de rupture, etc...

Récemment, en 1916, la société Schneider et Cie a fondé, avec les *Aciéries de la Marine et d'Homécourt* et les *Etablissements Cail*, de Fives-Lille, la *Société Normande de Métallurgie*, qui, outre l'absorption des petites entreprises métallurgiques et minières des environs de Caen, a accaparé dans des conditions peu scrupuleuses les hauts-fourneaux et aciéries de Caen, fondés par A. et F. Thyssen, les maîtres de forges de Hamborn-Brückhausen, dans la Ruhr, et la maison Cail. Cette société a aussi acquis les mines de fer de Soumont et de Perrières, qui appartenaient également aux Thyssen, concessionnaires de celles de Diélette.

La « Normande de Métallurgie » a déposé son bilan en 1922, laissant un passif de 103 millions, plus une dette obligataire de 120 millions. Ses actions, qui avaient valu 325 francs, sont tombées à 35 francs, tandis que les obligations de 500 francs descendaient au-dessous de 150 francs. Avec peine, on essaie actuellement de renflouer cette importante société qui a obtenu le concordat et est reprise par les Hauts-Fourneaux de Caen.

Les entreprises de la maison Schneider et Cie en France, pour s'assurer contre la pénurie du minerai de fer dans le Centre et sauver son usine du Creusot, mal située, vis-à-vis de celles de l'Est et de l'Ouest, ne furent pas très heureuses. Exemple : sa participation à la Société de Knüttange, entreprise lorraine dont le déficit se montait, pour l'exercice 1921-22, à 30 millions de francs. Eugène Schneider arriva même à entrer en antagonisme avec le célèbre Comité des Forges, dont il portait le titre, un peu ironique, de président d'honneur. C'est pourquoi, en 1923, il ne voulut plus, avec Jean Schneider, faire partie du Comité directeur de cet organisme.

Quelques explications, touchant l'histoire de la métallurgie au cours de ces dernières années, sont nécessaires pour faire comprendre ces antagonismes entre maîtres de forges. Outre les motifs donnés plus haut de ces luttes d'intérêts, parfois si enchevêtrés qu'on ne peut s'expliquer les raisons de ces antagonismes, il se trouve que d'autres causes que la course au minerai et au combustible (ou bien encore la mégalomanie de gérants d'entreprise) les motivent et les provoquent.

Avant la guerre de 1914, deux cartels se partageaient la suprématie dans l'industrie sidérurgique : la métallurgie du

Nord et de l'Est avec le Comité des Forges ; la métallurgie du Centre avec Schneider. Le Comité des Forges, à l'abri de tarifs-protectionnistes, pratiquait le malthusianisme économique et faisait de gros bénéfices en exploitant, sans risques, le marché national dont il était maître. Il gênait peu Le Creusot. Mais, lorsqu'après la guerre, il disposa du fer de la Lorraine et du charbon de la Sarre, Schneider, qui n'était plus qu'un gros chaudronnier, voulut réagir.

Schneider créa alors la « Normande de Métallurgie » et accapara les hauts-fourneaux de Caen de la façon suivante. La *Société française des Constructions Mécaniques* (ex-Etablissements Cail) dont Le Châtelier était l'administrateur-président, voulant s'affranchir des gros métallurgistes avait, avant la guerre, avec l'appui des Thyssen, fondé les Hauts-Fourneaux et Aciéries de Caen. Schneider, à la recherche du minerai de fer et d'une installation moderne ne lui revenant pas trop cher, jeta son dévolu sur la nouvelle usine. Le Châtelier fut traité de « Boche » et dut, après une campagne de l'*Action Française*, vendre son établissement à Schneider, au détriment des actionnaires et des obligataires des Hauts-Fourneaux de Caen.

Quant à l'occupation de la Ruhr, elle était indifférente à Schneider, parce qu'il avait du charbon (ce qui manquait aux métallurgistes lorrains). Elle gêne plutôt son exploitation à l'intérieur et son expansion à l'extérieur. C'est pour cette raison qu'il a rompu bruyamment avec la direction de ce Comité des Forges dont il reste cependant adhérent par prudence.

Redoutant, comme les métallurgistes d'Angleterre et des Etats-Unis, qui le soutiennent, l'alliance des métallurgistes de la Lorraine avec ceux de la Westphalie, il combat l'action du Comité des Forges de France, inféodé aux premiers, afin de s'assurer les subsides des financiers américains, comme les Morgan, et des financiers anglais, comme les Sassoon, nécessaires à son expansion extérieure.

Il est bon, en constatant ce qui précède, de se rappeler l'affaire de l'Ouenza (1909), mines de fer et de cuivre abondantes et riches, situées en Algérie, dans le département de Constantine, à Morsott, commune au sud de Bône, éloignée d'une centaine de kilomètres de ce port méditerranéen environné de forêts de chênes-liège.

Par des influences parlementaires, administratives et judiciaires, grâce à l'appui du Comité des Forges, dont E. Schneider était le vice-président, et du Président du Conseil des Ministres, G. Clemenceau, dont le frère Paul était ingénieur-conseil du Creusot, le consortium Schneider-Krupp par l'intermédiaire de Carbonnel, ingénieur de la *Société des Forges du Chili*, contrôlée par Schneider et Krupp, parvint à dépouiller, au profit d'une société qu'il contrôlait, le propriétaire de l'Ouenza, M. Pascal, qui tenait cette mine des premiers concessionnaires. En compensation, M. Pascal recevait une rémunération de 1 franc par tonne extraite.

Ce Carbonnel est probablement le même que l'associé du comte Armand, administrateur du Creusot et parent des Schneider (condamné l'an dernier, à la requête du Comité des Forges, pour avoir vendu à la *Gutehoffnungshütte* de Haniel à Oberhausen (Westphalie) les mines de fer de la *Société des Forgès du Chili*.

Ce comte Armand, riche armateur marseillais, fils d'une de Gontaut-Biron et ex-représentant de la France au Portugal, c'était l'époux de Mlle de Brantès, dont le frère, général, commandait, en Picardie, durant la guerre de 1914-18, une brigade de l'armée portugaise. Or, Mlle de Brantès est la fille d'une Schneider, mariée au comte de Brantès.

Pendant la guerre, vers 1917, *le comte Armand, administrateur du Creusot*, alors commandant, entra, ou fut chargé d'entrer en relations (offre de la Silésie à l'Autriche) avec un agent autrichien, le comte Revertera, son cousin, paraît-il, envoyé par l'empereur Charles, inquiet pour l'avenir de son trône, et, poussé par les catholiques, redoutant la chute des Habsbourg et des Wittelsbach, pour faire des propositions de paix aux alliés de l'Entente. Ces entrevues, très louables, en dépit des causes intéressées qui les déterminaient, n'aboutirent malheureusement pas.

Peut-être Schneider, concurrencé à ce moment par les métallurgistes américains et anglais et inquiet pour ses intérêts, n'y était-il pas étranger, vu sa parenté avec le comte Armand ? Toujours est-il que le Comité des Forges, pour qui la grande guerre fut une source de profits immédiats et futurs, a semblé vouloir atteindre Schneider en faisant poursuivre avec Carbonnel le comte Armand, artisan malheureux d'une paix trop prématurée, au gré des métallurgistes de l'Est intéressés à la réalisation intégrale de leur but de guerre : la conquête du fer de Lorraine et de la houille de Westphalie, avec *entente au besoin* avec les métallurgistes allemands, si ceux-ci se montraient raisonnables.

En manière de conclusion, on peut regretter que la majorité des individus, victimes des intérêts souvent antagonistes des grands magnats de la métallurgie et de la finance, ne soient pas plus soucieux de défendre leur vie et leur liberté sans cesse menacées par les conflits guerriers et économiques.

Quant aux querelles d'intérêt qui divisent ces magnats de l'industrie et de la finance, elles sont plus superficielles que profondes, et ils savent parfaitement s'entendre pour exploiter les peuples, brimer leur personnel et gruger leur clientèle, afin de défendre leurs privilèges et leurs ambitions.

***

Les Schneider les plus connus sont : Eugène, Jean et Charles, de la société en commandite par actions : Schneider et Cie, au Creusot.

Le plus en relief est Eugène-Charles-Prosper, le gérant actuel de la maison Eugène Schneider, député de Saône-et-Loire, et Mme, née de Saint-Sauveur, alliés aux de Curel, aux de Freycinet, aux de Wendel, habitent un superbe hôtel sis 34, cours Albert-Ier (ex Cours-la-Reine). En province, ils possèdent les châteaux de la Verrerie et de Montvaltin, par Le Creusot (Saône-et-Loire), d'Apremont, par Le Guétin (Cher), et de Moncel, par Jarny (Meurthe-et-Moselle). La douairière, Mme Henri Schneider, née Asselin, est domiciliée 137, faubourg Saint-Honoré. Elle possède, en province, les châteaux de la Verrerie (Indre-et-Loire) et de la Rivaude, par Salbris (Loir-et-Cher).

Eugène Schneider est membre des cercles de la rue Royale, de l'Union, de l'Automobile-Club, du Polo Hoche et du Yachting-Club de France; il est titulaire de la médaille d'or de la « Miningand Metallurgical Society of America ». Il est aussi de la Société des Amis du Louvre, avec Mme Guy de Wendel et L. et A. Nozal, les marchands de fer, agents commerciaux de la maison de Wendel.

Une de ses sœurs a épousé le marquis de Juigné, député de la Loire-Inférieure, descendant, paraît-il, du fameux Gilles de Retz, le « Barbe Bleue » breton. Une photographie prise avant la guerre et répandue en Bretagne aux élections de 1919 montre le marquis de Juigné, son épouse et Mme Eug. Schneider conversant avec Guillaume II sur le pont du yacht le « Hohenzollern » appartenant à ce dernier. Une autre sœur de Schneider est mariée au comte de Ganay, châtelain de Courdimanche (Seine-et-Oise), de la Fougerette, à Etang-sur-Arroux (Saône-et-Loire) et propriétaire d'une écurie de courses.

Eugène Schneider est l'unique gérant de la société Schneider et Cie, au Creusot. Cinq administrateurs sont membres du Conseil de surveillance de cette société, ce sont : le baron J.-F. de Neuflize, banquier, régent de la Banque de France; le marquis de Chasseloup-L ubat; le comte Robert de Voguë (allié aux Sommier); le baron Seillière (allié aux Gallifet) et Lucien Villars, de l'Union Parisienne.

E. Schneider est *également gérant de la Société des Forges de Wendel et Cie*, à Jœuf, avec les cinq frères de Wendel : François, *président du Comité des Forges de France;* Maurice, *administrateur de Senelle-Maubeuge et conseiller du commerce extérieur;* Humbert, *de la Hohenlohe-Werke, du Conseil supérieur des Chemins de fer, du Comptoir sidérurgique de la rue de Berri, et président de la Chambre de commerce de Metz;* Guy, *ex-Président de cette dernière;* et Charles, *de la Cie d'Inguaran, ex-dép té au Reichstag allemand.*

Il est administrateur du P.-L.-M., avec de Neuflize, G. Pallain, St-D ryillé. A. Lebon, F. Aynard, D. Isaac, D. Pérouse, C. Pérouse, Hottinguer, H. Darcy, L. Mauris, H. Couriot, A. Mirabeau, Pellerin de la Touche, Girod, Mallet, P. Cambon, Nivoit, A. Silhol, Houette, Loreau, Blanchet, Kléber, Aubertot et Bournet; de l'*Union Parisienne* avec H. Darcy, G. Exbrayat, Ch. Sergent, H. de Wendel; du *Crédit Lyonnais;* de la *Cie Marocaine* avec J. et G. Hersent; des *Forges et Aciéries de Rombas* avec les de Wendel, Th. Laurent et Heurteau.

Président des Conseils d'administration des Sociétés métallurgiques de Knüttange et des Terres-Rouges (siège social de cette dernière société à Luxembourg, 21, rue des Marronniers), il est aussi membre avec H. Darcy, de Solages, Plichon, Cuvinot, Nivoit, L. Dupont, J. Elby, du Comité des Houillères de France.

Avec J. Bonnardel, M. et Ch. Pasteur et A. François, il est administrateur de la « Huta-Bankowa ». Les usines « Skoda » de Pilsen et *l'Union Européenne Industrielle et Financière* le comptent parmi les membres de leur conseil d'administration.

Il est le vice-président de la première de ces sociétés avec Simonek, président, le colonel H. Veil, V. Champigneul, ingénieur, Jaroslau-Preiss, directeur de la Zivnostenka Banka, de Prague; L. Pik, maire de Plzen (Pilsen en Bohême, Tchéco-Slovaquie actuelle).

Avant la guerre et même pendant (il y était encore en 1915) Eug. Schneider était administrateur du Trust international de l'acier pour canons avec Harvey (Américain), Krupp (Allemand), Browne, Armstrong et Wickers-Maxim (Anglais), Poutilov (Russe) et Skoda (Autrichien).

Il est bon de rappeler, à ce sujet, les révélations de Liebknecht, affirmant à la tribune du Reichstag, que Krupp fournissait les alliés de la Triple Entente. Récemment, un amiral anglais dévoilait aussi l'action d'industriels anglais ravitaillant l'Allemagne, durant la guerre, en vivres et en munitions, par la Suède et la Norvège...

D'ailleurs, dès 1907, la maison Schneider et Cie s'associait avec F. Thyssen, Krupp et la « Gelsenkirchen » pour l'exploitation du Maroc, comme elle s'associa plus tard, en 1912, avec Krupp, Blohm und Voss, d'Hambourg, Skoda et la Kreditanstallt », de Vienne, pour garder le contrôle général des usines Po tilov, que lui disputait un autre groupe composé de Wickers, Brown, Armstrong, la Société Générale et la Banque de Paris et des Pays-Bas. Une entente eut lieu entre les deux groupes et celui du Creusot-Essen garda le contrôle technique des usines de Po tilov.

En France, la maison Schneider et Cie est représentée à la Chambre syndicale des Fabricants et Constructeurs de matériel de guerre (7, rue de Madrid).

Le domaine propre de la maison Schneider et Cie comprend

l'usine du Creusot et ses dépendances diverses : mines de fer et de houille dans le Centre et en Lorraine et plusieurs établissements de constructions mécaniques disséminés un peu partout en France.

L'établissement principal : Le Creusot, avec ses usines du Creusot, du Breuil et de Montchanin, et son polygone d'expériences de Villedieu, est situé en Saône-et-Loire, sur le chemin de fer P.-L.-M., non loin du canal du Centre. La ville du Creusot (arrondissement d'Autun) compte 35.000 habitants.

Actuellement, il y a au Creusot : 4 hauts-fourneaux de petite capacité dont 3 en activité; 8 fours Martin, 2 de 40 tonnes et 6 de 60 tonnes, tout à fait modernes; 2 fours électriques de 15 tonnes et plusieurs fours au creuset pour les aciers fins; 2 fours électriques de 10 tonnes et de 5 tonnes pour pièces d'acier moulées; 12 trains de laminoirs, laminant depuis 8 m/m jusqu'aux plus grands diamètres, situés aux anciennes forges où fonctionne le fameux marteau-pilon de 100 tonnes; 1 train blooming et 1 gros train à blindage avec machine réversible de 1.200 chevaux, situés aux grosses tôleries; des fours à coke.

Il existe aussi au Creusot : un atelier de chaudronnerie fabricant chaudières, locomotives électriques, forges à main; un de fonderie d'acier pour pièces moulées; des grandes forges pour bandages; un atelier pour turbines et locomotives avec hall de montage de 200 mètres de long.

Au Breuil, la nouvelle usine, qui, matériel compris, doit coûter plus de 60 millions, comporte : des aciéries, des trains de laminoirs, dont un train blooming très bien outillé avec ponts enfourneurs perfectionnés ; des forges; des ateliers de mécanique générale modernes, pour fabrication d'artillerie navale, arbres de transmission, moteur à gaz et pièces détachées, dont le montage ne se fait pas au Creusot, surtout celles destinées aux arsenaux de guerre et de la Marine et intéressant la défense nationale.

A Montchanin existe une fonderie de bronze et de fonte, en pleine activité, qui dépend également du Creusot.

Les travaux en cours actuellement (fin 1923) comportent : la construction de 100 locomotives électriques pour le P.-O., de 120 locomotives à vapeur pour le P.-L.-M. et de 25 pour l'Est; de turbines pour torpilleurs et différentes usines; de

400 réservoirs de torpilles; de 400 réservoirs d'avions de 400, 240 et 150 litres, la fabrication de bombes d'aviation, d'obus de rupture de 130 m/m (marine) et de blindages pour navires porte-avions.

Le Creusot fabrique aussi beaucoup d'acier F. R. électrique pour roulements à billes (100 tonnes par mois). Cet acier est livré aux maisons de Paris. 15 à 16 locomotives de 5 tonnes sortent en moyenne par mois des établissements Schneider. L'administration espère arriver à en fournir 30 par mois, soit une par jour. Une locomotive coûte 900.000 francs seule; avec son tender, 1 million. Il y a actuellement au Creusot pour plus de 600 millions de commandes passées. Les ouvriers étrangers : portugais, tchéco-slovaques et chinois employés au Creusot, sont plus de 3.000. On compte aussi beaucoup d'ouvriers algériens et marocains.

Au polygone de Villedieu ont lieu les expériences des canons de campagne de 75, des canons de 120 long disposés sur automotrices pouvant grimper des côtes de 42 %, des canons de marine de 320 et de 340 (pesant 37 tonnes), des canons de siège de 550 pouvant tirer, paraît-il, à 120 kilomètres et dont la formidable détonation provoque, à chaque coup, l'effondrement des hangars proches.

Les établissements Schneider et Cie du Creusot et des environs comptent 20.000 ouvriers (plus de 10.000 pour Le Creusot proprement dit et Le Breuil, le reste pour les mines de houille et les usines de Montchanin) et comportent plus de 30 ateliers.

Le Creusot produit par an environ 100.000 tonnes de fonte, 1 million de tonnes d'acier dont 600.000 tonnes d'acier Martin et 1 million de tonnes de laminés.

Les salaires des ouvriers du Creusot sont peu élevés. Ils étaient, il y a quatre ans, de 12 francs par jour pour les ouvriers de métier, de 9 francs pour les manœuvres. Ils oscillent actuellement entre 10 et 25 francs. Très peu d'ouvriers sont à ce dernier taux.

Tout, au Creusot, est sous la dépendance quasi absolue des Schneider et nul ne peut, grâce au mouchardage et à la délation, exprimer publiquement son mécontentement sous peine d'être dénoncé et immédiatement renvoyé. Telle est la générosité du charitable seigneur Rambouille, grand philanthrope devant l'Eternel. Les Schneider sont, en effet, de fervents catholiques et les couvents du Creusot sont comblés de leurs dons.

Toute la ville appartient à Schneider : les cités ouvrières où sont parqués, entièrement à sa merci, ses ouvriers, payant très cher et sans garantie, la bicoque et le jardinet qu'il daigne leur louer; les cantines, les restaurants et les magasins, où il est presque obligatoire qu'ils s'approvisionnent; l'Hôtel-Dieu; le gaz et l'électricité, l'eau; même les églises, la caserne, la poste, les écoles communales, la mairie qui sont louées; l'école d'apprentissage où l'on est difficilement admis; la terre (bois, étangs, champs, fermes et châteaux) et naturellement le sous-sol (mines de houille et de fer et carrières de pierres). C'est le régime féodal ressuscité au XXe siècle.

La valeur technique des cadres supérieurs et celle de la main-d'œuvre des établissements Schneider (au Creusot surtout) se serait, paraît-il, beaucoup affaiblie en ces derniers temps. Il est incontestable que la tyrannie aveugle est loin de favoriser l'intelligence et l'initiative qui ne peuvent s'épanouir que dans la liberté. Au Creusot, l'autoritarisme mesquin et inquisiteur règne en maître.

Tout est noir au Creusot : la suie des cent cheminées qui dominent la cité et la poussière du charbon salissent les maisons et le pavé des rues; une odeur de soufre et de goudron flotte dans l'air alourdi par la fumée et la vapeur. Dans l'usine, les ouvriers employés aux hauts-fourneaux, aux fours et aux laminoirs halètent et peinent dans une atmosphère brûlante qui les dessèche et les exténue.

En haut, sur la colline dominant la ville basse, s'élève le château de la Verrerie, résidence du seigneur Schneider, entouré de son immense parc verdoyant, clos de hauts murs, accapare à lui seul tout le sommet du côteau. Dans la cour d'honneur du château, huit canons de bronze, braqués vers la porte symbolisent admirablement la fortune des Schneider acquise dans la fabrication et le trafic des engins de guerre, semeurs de mort et de misère. Sur la place Schneider s'élève la statue de l'ancêtre, fondateur de la dynastie.

Les mines possédées par la maison Schneider et Cie sont : en Saône-et-Loire, celles du Creusot, de Longpendu et de

Montchanin (houille), du Change et de Mazenay (fer); dans la Nièvre, celle de la Machine, près Decize (houille); en Meurthe-et-Moselle, celle de Droitaumont, près Jarny (fer); les carrières de pierre de la Pointe-Pescade, des Bains-Romains et du Rocher de Guyot-ville, près Alger.

Les divers ateliers de construction de la firme Schneider et Cie sont situés à Ivry-Port (dépôt) dans la Seine; à Châlons-sur-Saône; au Petit-Creusot, 1.200 ouvriers, fabrique de locomotives, sous-marins, charpentes métallurgiques, ponts-roulants, etc.; à Champagne-sur-Seine, près Fontainebleau, fabrique de moteurs divers et réparations de matériel de chemins de fer; au Havre (anciens établissement Canet), fabrique de canons de marine, d'obus et de torpilles; à Monceau-sur-Sambre, commune de Marchiennes-au-Pont (Belgique), fabrique de matériel pour mines, brasseries, de charpentes, etc.; à Harfleur, torpilles et sous-marins; à Toulon et à la batterie des Maures (Var); à Saint-Ouen (Seine); à Paris, dans le 15e arrondissement, à Vaugirard, quartier de Javel, 135, rue de la Convention (anciens moteurs Otto), rues Lecourbe, 248, et Convention, 138 (anciens établissement Em. Decauville), rues de la Croix-Nivert, 164, et de la Convention, 129 (bâtis en 1913), rues de la Croix-Nivert, 190, et Duranton, 19 (ancienne usine de produits chimiques Bardol), quartier Necker, rue François-Bonvin, 4 à 18; dans le 12e arrondissement, rue de Toul, 33-35 (dépôt), rue d'Anjou, 42, à Paris, est le siège de la société (8e arrondissement).

Les participations de la firme Schneider et Cie sont extrêmement nombreuses et forment dans l'Europe centrale (Autriche, Tchéco-Slovaquie, Pologne, Hongrie, Yougo-Slovaquie et Roumanie) un véritable trust ou consortium métallurgique, charbonnier et financier semblable à « l'United States Steel Corporation » de Gary, Morgan et Carnegie.

La firme Schneider et Cie est dans les Aciéries de Rombas (Moselle), société puissante au capital de 150 millions, possédant à Rombas de riches mines de fer, une usine comptant 6 hauts-fourneaux de 200 tonnes, 6 convertisseurs Thomas de 22 tonnes, 4 fours Martin de 20 tonnes, des laminoirs à profilés et à Maizières une autre usine ayant 4 hauts-fourneaux de 180 à 200 tonnes. La société de Rombas, où sont intéressés les de Wendel, les Aciéries de la Marine et Homécourt, avec Th. Laurent, vice-président du Comité des Forges, Micheville et Pont-à-Mousson, est l'ancienne « Rombacher Hüttenwerke » appartenant avant la guerre à Spaëtzer, de Coblenz. Elle peut produire 650.000 tonnes de fonte, 130.000 tonnes d'acier Thomas et 430.000 tonnes d'acier Martin par an.

La maison Schneider et Cie est dans le Comptoir des Tôles du 10 de la rue Balzac (Paris) dont J. Mercier, ingénieur et fondé de pouvoirs des Sociétés de Wendel, est secrétaire; avec de Wendel et Pont-à-Mousson, dans les mines de fer de Lourzais (Ille-et-Vilaine) et de Chazé-Henri (Maine-et-Loire); dans la Société des Terres-Rouges pour 40.607.500 francs, la Banque de Bruxelles pour 24 millions, les petits-fils de Fr. de Wendel pour 9.370.000 fr.; Châtillon-Commentry-Neuve-Maisons pour 8.882.500 fr.; les Mines de Blanzy pour 4.687.500 fr.; la société Descours et Cabot, de Lyon, pour 500.000 fr.; les Forges et Aciéries de St-Etienne pour 4.000.000 fr.; les Forges et Aciéries de Commercy pour 500.000 fr.; l'Arbed 650.000 fr.; Denain-Anzin, 1.987.500 fr. Dans la Société de Knüttange; dans la Société des Minerais lorrains avec la Marine, Pont-à-Mousson, Micheville, de Saintignon (Longwy-Bas), Marcellot et Cie (Eurville), J. Raty (Saulnes), le Nord et l'Est, Anderny-Chevillon et la Mourière; dans les établissements Delaunay-Belleville, de Dion, Citroën; dans la Société des Mines de l'Ouenza; dans les chantiers de Reval; dans le Matériel roulant (Constructions Forges et Fonderies de Fourchambault et de la Pique, ex-établissements Magnard) avec H. Coqueugnot, le maître de forges luxembourgeois-belge, L. Angoulvent, A. Giros, Th. Laurent, Ch. Nicaise, E. de Turckeim, Léon-Lévy; dans la Société Normande de Métallurgie, avec J. Aubrun, directeur général du Creusot, de Freycinet, A. Bonzon, J. Le Châtelier, Bénard (banquier), Th. Laurent, Bach, Mineur (usine à Mondeville-Colombelles, près Caen, et mines de fer de Soumont); dans les hauts-fourneaux et mines d'Allevard (Isère), contrôlés par Le Creusot et la Marine; dans les usines d'Avange et d'Aumetz-la-Paix et mines de Reichsland, en Lorraine; dans les charbonnages de Winterlag-sur-Ganck (Campine belge); dans la Cie des Applications mécaniques, les Etudes de l'Azote, les mines de houille de Douchy (Nord), les mines de fer de la

Dominelais (Ille-et-Vilaine) avec Mokta-el-Hadid, les ateliers de Volga-Vichera; dans la Société des Ports de Casablanca et de Saffi (Maroc); dans la Société Normande de Constructions Navales avec Ch. de Beaumarchais, ingénieur chef de fabrication au Creusot; dans les ateliers de la Longueville avec la « Railway Electricité » du baron belge Empain; dans la Société Française de Constructions mécaniques (Cail) avec J. Le Châtelier et J. Aubrun; dans les Charbonnages de Viny et Fresnoy avec les Aciéries de France et Châtillon-Commentry; dans la Société d'Abattoirs et d'entreprises frigorifiques, avec l'Union Parisienne, la Société Centrale des Banques de Province de Ch. Dumont, et la maison Fleury-Michon; dans la S.I.T.A. (Société Industrielle de Transports Automobiles) avec la Société des Transports en commun de la Région parisienne; dans la Parisienne de Distribution électrique avec Mildé (le constructeur électricien); dans les mines d'Harkules et de Vereinigh-Empel (houille) d'Ancy et Mardigny (fer), de Starakovice avec Wickers; dans les consortiums avec la Société de Constructions Electriques de Jeumont et la Thomson-Houston, avec les Ardoisières de l'Anjou; dans la Société des Moteurs à gaz et d'Industrie mécanique, avec Mazen, ingénieur-conseil de Schneider et Cie; dans la Société technique pour l'Industrie (chutes d'eau); dans la S.O.M.U.A. (ex-usines Bouhey), Société d'Outillage Mécanique et d'Usinage d'Artillerie; dans les Chantiers de la Gironde; dans la Société Provençale de Constructions Navales, avec le comte de St-Sauveur, beau-frère de E. Schneider, Delaunay-Belleville, Th. Laurent, Ch. de Beaumarchais; dans les mines de houille de Blanzy, avec H. Darcy et F. Vernes (banquier); dans la Cie des Houillères Lyonnaises de Mions et Heyrieux, avec la Marine, Pont-à-Mousson, les Hauts-Fourneaux de Chasse (Isère), le Gaz de Lyon, les Aciéries de Saint-Etienne, Blanzy, Montrambert, et des Charbonnages de Lyon, à Genas, avec Micheville, Chasse, Mokta-el-Hadid, la Marine et Pont-à-Mousson; dans les charbonnages du pays de Kent (Angleterre) avec la Basse-Loire (Trignac); du Port de Rosario, avec G. Hersent, de Saulces de Freycinet, A. Flondrois; dans Bürbach-Eich-Düdelange; dans les Aciéries de Differdange-Saint-Ingbert-Rümelange, avec la Marine, la Société Générale de Belgique et Ougrée-Marihaye (la plus puissante société métallurgique belge) avec J. Cokerill, à Seraing; dans les usines Poutilov (Russie) avec le comte de Saint-Sauveur; dans la société Korista de Milan (Italie).

Schneider et Cie et l'*Union Parisienne* ont, avec l'aide de J.-P. Morgan and C°, de New-York, fondé l'*Union Européenne Industrielle et Financière*, dont l'influence rayonne sur toute l'Europe centrale. Par J. Jadot, de la Société Générale de Belgique et de l'*Union Parisienne*, cette dernière banque se trouve en rapport avec les Sassoon et les Goschen, de Londres, rattachés à Morgan, par Morgan, Greenfell, de Paris.

Par l'*Union Européenne Industrielle et Financière* (capital 75 millions) Schneider et Cie contrôle : les usines Ringhöffer (machines et wagons) de Prague; la Moravska Ostrava (forges et mines) en Mora ie; les Veitcher-Magnésitwerke; la Société Ruston-Bromowsky (machines) de Bohême; les forges de H dec Kralové; les mines de Pankrac; les Forges et Aciéries de Hüta-Bankowa, en Pologne, à Do browa (hauts-fourneaux, mines de fer, charbonnages) ayant comme administrateurs (outre E. Schneider) J. Bonnardel, Ch. et Marc Pasteur (capital 80 millions); charbonnages dans le Donetz; la Société des Usines Skoda (150 millions) à Pilsen (hauts-fourneaux, aciéries, mines de fer et houille) en Tchco-Slovaquie; l'Œsterreischische Borg und Hüttenwerke Gesellschaft (capital 50 millions) de Vienne (Autriche) avec à Teschen (hauts-fourneaux, aciéries, mines de fer et de houille) les Bisma khütten de Silésie, avec Castiglioni, Stinnes et l'*Union Parisienne* des Darcy et de Wendel; la Œsterreichische Alpine Montangesellchaft, avec les mêmes, et la Disconto-Gesellchaftt; la Société du Manganèse; la Société polonaise de munitions avec Wickers, et l'European and General Express C°.

Le Conseil d'administration de l'*Union Européenne* comprend J. Jadot, Eugène et Charles Schneider, J. Aubrun, directeur du Creusot, Weyl, ingénieur des manufactures de l'Etat, le baron J.-F. de Neuflize, régent de la Banque de France, Léon-Louis, L. Villars, le baron Mallet et Ch. Sergent.

Eug. Schneider est encore dans l' « Orient Railway » avec la Banque pour le Commerce et l'Industrie (de feu Rouvier); dans la Société Française d'Etudes pour la reconstruction de

Smyrne, avec Morgan, Harjes et C°, qui patronnent le groupe Loucheur-Giros et la Thomson-Houston; dans la « French-American Industrial Corporation », filiale du Creusot. Il est président de la société anonyme des Aciéries Tchéco-Slovaques, laquelle englobe : la Société anonyme pour l'Industrie Sidérurgique, dont le directeur général est Jendrich Belchrigeck, directeur de la « Zienostenka Benka », de Prague, qui contrôle toute l'activité industrielle et financière de l'Europe centrale. Cette dernière banque représente les intérêts de l'*Union Parisienne* et de Schneider et Cie, qui s'opposent à ceux de Stinnes, Castiglioni et Marconi, jusqu'à ce qu'une entente, déjà ébauchée, intervienne entre ces groupes rivaux, mais non ennemis.

En effet, Schneider, gêné en France par l'extension de la métallurgie de l'Est, cherchait au dehors des compensations fructueuses. Il les trouva dans l'Europe centrale, mais s'y heurta à Hugo Stinnes, le magnat allemand de la « Gelsenkirchen », de la « Deutsch-Luxemburgische », de la « Bochum Verein », réunies en une seule société, la *Rheinelba-Union*, pour une durée de quatre-vingt ans.

Schneider, avec l'appui de la Banque Générale du Crédit Hongrois et des Banques tchéco-slovaques, projeta la création du port de Budapest, qui devait livrer à son consortium le Bas-Danube, voie navigable permettant à ce dernier d'accaparer les marchés balkanique et oriental.

H. Stinnes, après l'échec des pourparlers entre sidérurgistes lorrains et rhénans, tourna son activité vers l'Europe centrale. Il découvrit, en Styrie, le minerai de fer qu'il cherchait. Il acheta, à Castiglioni, l' « Alpine Monton Gesellschaft » qui possédait 7 hauts-fourneaux et des mines. Il ne réussit pas, et, faute de commandes, dût éteindre ses hauts-fourneaux. Il offrit alors, par l'entremise de l'Union de Bohême, intéressée dans l'Alpine, au gouvernement tchéco-slovaque de créer un port à Komara, sur le Danube, à 80 kilomètres de Vienne. Puis, il négocia avec la Banque Anglo-Hongroise, ayant une majorité de capitaux anglais, qui, dans le projet élaboré, se chargeait d'écouler les produits des usines de Styrie, vers la Roumanie, la Bulgarie, voire la Turquie.

C'est alors que l'expédition de la Ruhr fut décidée par le gouvernement français à l'instigation du Comité des Forges. Le groupe des métallurgistes lorrains, qui voulait faire pression sur les gros métallurgistes allemands, ne gagna pas grand chose à l'expédition, qui priva les usines de Lorraine de combustible. En revanche, Schneider y trouva une satisfaction. H. Stin es fut paralysé dans ses entreprises, obligé de recourir aux banquiers hollandais malgré qu'il vendit son charbon, et contraint de négocier avec l'Union Parisienne. Schneider put alors écouler ses produits aussi bien sur le marché français que sur le marché étranger, en même temps que donner libre cours à sa mégalomanie. Les dissensions au Comité des Forges, entre lui et les métallurgistes de l'Est, s'accrurent de ce fait, et provoquèrent les démissions d'Eugène et de Jean Schneider, plus intéressés par le fer de l'Europe centrale que par le charbon de Westphalie, mais redoutant, néanmoins, l'alliance de ce dernier avec le fer de Lorraine, événement inéluctable dont Le Creusot, malgré sa bouderie, cherchera bien à profiter, car il a aussi des intérêts fort compromis en Lorraine et en Normandie.

Actuellement (octobre 1923) le sénateur H. Béranger voyage en Europe centrale. Voici ce qu'il a déclaré à des représentants de la presse :

« La France, *en dépit de ses difficultés budgétaires*, aurait l'intention de faire à la Petite Entente (Tchéco-Slovaquie, Hongrie, Yougo-Slovaquie et Roumanie) et à la Pologne des *avances de 800 millions ou de 1 milliard*. Ces avances *serviraient uniquement à améliorer la situation des armées* de ces pays. La Pologne recevrait un prêt de 400 millions, *somme dépensée pour des achats de fournitures militaires en France*.

« La France, a ajouté M. Béranger, *respecte l'indépendance des peuples*. Elle ne demande à la Pologne *que d'augmenter ses impôts afin d'équilibrer son budget*. La Pologne *doit avoir une armée puissante pour se défendre contre les menaces de l'Est et de l'Ouest* (*Russie et Allemagne*). »

Cette déclaration sans ambiguité, mais franche, mérite d'être retenue et méditée. Les affaires des maisons Schneider et Cie et de Wendel et Cie vont, grâce à ces avances, de nouveau prospérer. Quant aux journaux financiers français, escomptant les profits de l'affaire, ils exultent en faisant ressortir que ces avances (prises dans les poches des Français accablés d'impôts) serviront au développement et à la prospérité de l'industrie française (lisez à la fabrication des munitions pour le plus grand profit des Schneider et des de Wendel remplissant leurs caisses avec l'argent des contribuables français donné aux gouvernants de la Pologne et de la triple Entente par les gouvernants français). Il est, au surplus, inutile d'expliquer que lorsque l'on fabrique des munitions c'est pour s'en servir. Donc, perspective d'une nouvelle guerre plus atroce et plus ruineuse que l'autre.

L'annonce de ces avances a, d'autre part, provoqué une forte hausse des cours de la plupart des grandes valeurs métallurgiques, notamment du Creusot et de ses filiales, en même temps que de l'*Union Parisienne* et de l'*Union Européenne*.

La société Schneider et Cie est, par le comte de Saint-Sauveur, son représentant, dans la société nouvelle du port de Budapest avec les Hersent. Elle est aussi dans la société pour l'Exploitation des Pétroles (capital 20 millions) avec le groupe pétrolifère hollando-anglais, la « Royal-Dutch-Shell », contrôlée par les Rotschild et l'*Union Parisienne*. La « Royal Dutch-Shell » dirigée par sir H.-W. Deterding, est la rivale sur le marché des pétroles de la « Standard Oil of New-Jersey », contrôlée par les Rockefeller. Cette rivalité peut déchaîner de graves conflits entre l'Angleterre et les Etats-Unis. Le président de la Société pour l'Exploitation des Pétroles est L. Villars, président d'honneur de l'*Union Parisienne* et vice-président de l' « Astra Romana », filiale de la *Royal Dutch-Shell* et son vice-président est H.-W. Deterding.

La société Schneider et Cie est également dans la Société Industrielle, Commerciale et Agricole en Turquie avec la Société Orosdi-Back (tapis orientaux) ; dans la Compagnie Marocaine avec l'*Union Parisienne;* dans la Compagnie Générale Française pour le Commerce et l'Industrie (capital 20 millions) avec la Cie Générale de l'Amérique Latine, la Cie Générale de l'Europe Orientale, la Cie du Coton colonial, la Cie Générale d'Extrême-Orient, la Marine et Homécourt, Saint-Gobain, Giros et Loucheur, Thomson-Houston; dans la Société de Construction du port du Pirée, avec cette dernière Hersent et la régie des Travaux publics et des Chemins de fer, etc...

***

La banque Bénard frères et Cie (49, rue Cambon, à Paris) est à la maison Schneider et Cie ce que la banque Demachy et Cie (27, rue de Londres, à Paris) est pour la maison de Wendel et Cie. L'une et l'autre sont des banques d'affaires très caractérisées et très spéciales.

La société de Wendel et Cie, à Jœuf, dont E. Schneider est gérant, a son siège à Paris, 7, rue Pillet-Will (9e). Celui de la société des Petits-Fils de F. de Wendel à Hayange et à Moyeuvre est situé à Paris 3, rue Paul-Baudry (8e).

Les grands industriels de la sidérurgie française, les Schneider et les de Wendel, ont compris que, malgré leurs capitaux personnels, ils devaient, pour se garantir dans leurs entreprises et donner de l'extension à celles-ci, s'appuyer sur les financiers. C'est pourquoi ils s'allièrent à l'*Union Parisienne*, cette autre banque du Comité des Forges qui permit à Schneider la mainmise sur les entreprises minières et métallurgiques de l'Europe centrale et aux de Wendel, déjà propriétaires des « Steinkohlenzeche » de Hamm (Westphalie), d'acquérir le contrôle de la *Hohenlohe Werke A. G.*, située en Silésie dans les districts nord et sud de Kattowitz et de signer un contrat avec H. Stinnes pour le coke.

L'année dernière, a sombré, par le retrait des Hauts-Fourneaux de la Chiers, affiliés à Ougrée-Marihaye, le fameux Comptoir Sidérurgique de la rue de Berri, présidé par H. de Wendel, qui servait si bien les intérêts des Schneider et des de Wendel. Ces derniers, qui avaient la haute main sur le Comptoir des fontes, division du Comptoir sidérurgique, avaient réussi à accaparer toute la fonte et à être maîtres absolus du marché comme pendant la guerre. D'autre part, de Wendel-Loucheur auraient acquis une forte participation dans la firme Krupp.

En Allemagne, les de Wendel sont : dans la Société Charbonnière du Rhin, avec Léon Stinnes, de Mulheim, Gustav Stinnes, de Mannheim, Carl Hann et Hans Clamm, de Mannheim (Bade); dans la Société Rhin et Sarre avec Carl Hann, de Mannheim, Edouard Barkhanson, de Munich (Bavière) et le Dr Hüber, de Carlsruhe (Bade).

Au cours d'un débat à la Chambre des députés, en date du 13 février 1924, V. Auriol, député de la Haute-Garonne, après avoir indiqué que le gouvernement pourrait, pour lutter contre la baisse du franc, trouver des livres sterling et des dollars chez les banquiers spéculateurs ou chez les industriels exportateurs et les réquisitionner au besoin, dénonça les pratiques peu patriotiques des industriels du Comité des Forges, notamment de la maison de Wendel, en lisant à la tribune une lettre envoyée par cette firme à un de ses clients étrangers pour l'engager à régler ses achats en livres sterlings, ce qui augmente le flottant à l'étranger et permet les manœuvres des spéculateurs contre notre devise.

F. de Wendel, ayant reconnu l'exactitude du fait, expliqua qu'il s'agissait d'exportation et que, dans ce cas, l'exportateur français avait intérêt à vendre dans la monnaie la plus stable (la livre ou le dollar) c'est-à-dire ne variant pas entre la vente du produit et son règlement. Répondant par avance à une objection qu'il prévoyait de la part de ses adversaires, il ajouta « peut-être objectera-t-on qu'en exigeant le paiement en francs par des étrangers on lutte mieux contre la baisse de notre devise. Mais n'est-il pas bon aussi de disposer de devises étrangères pour atteindre le même but »

— Oui, si on les convertissait en francs, fit remarquer fort justement Léon Blum.

— Les intérêts de l'Etat, reprit F. de Wendel, et ceux des particuliers se confondent. Il y a intérêt à laisser les particulier choisir leur monnaie.

— C'est la politique de Stinnes, lança A. Varenne.

F. de Wendel fut longuement acclamé et chaudement félicité par la majorité réactionnaire de la Chambre.

***

Les industriels du Comité des Forges, responsables et profiteurs de la guerre 1914-1918, continuent à bénéficier de la paix précaire imposée à l'Europe par leur action occulte. Ils sont responsables de la vie chère, issue des impôts votés par le Bloc National pour payer les frais de cette guerre, destructrice de la fortune de l'Europe en hommes, capitaux, matériaux et denrées, qui leur a permis de consolider leurs privilèges par la destruction des hommes d'idées avancées et de leurs œuvres d'émancipation et d'accroître leur fortune par l'accaparement des capitaux en monnaie saine (or et argent) que l'Etat leur a livré contre fournitures de métal et de munitions. vendues excessivement chères par ces profiteurs de la mort et de la misère, jouissant du monopole de la fonte et de l'acier. Qu'ils remettent en circulation cette monnaie saine qui, permettant l'annulation des francs-papier, contribuerait, avec la conversion des bons et rentes et la compression des dépenses, à relever le crédit de la France.

Responsables de l'inflation fiduciaire, autre cause de vie chère, avec l'augmentation des impôts, conséquence fatale des destructions de la guerre et de l'avidité des gouvernants, ils favorisent cette inflation en restreignant la circulation des capitaux en monnaie saine qu'ils immobilisent dans leurs coffres (tout l'or national n'est pas à l'étranger), cependant qu'ils convertissent, non seulement leurs marchandises, mais leurs francs-papier en livres ou dollars placés ensuite dans les banques ou entreprises étrangères ou qu'ils les emploient en constructions de châteaux et d'usines, conjointement avec les sommes excessives qu'ils se sont fait allouer, parfois indûment, pour dommages de guerre et en paiement de leurs ouvriers.

Comme les industriels allemands, ceux du Comité des Forges de France ayant intérêt à l'inflation, favorisent par leurs manœuvres la dépréciation du franc qui leur permet, en produisant à bon marché, d'exporter en quantité à l'étranger et d'accaparer, sinon le marché mondial, du moins le marché européen. Aussi redoutent-ils la hausse du franc comme une calamité. L'avilissement du franc, cause de l'inflation qui ruine en effet la petite épargne, dépouillée de ses francs-métal et gavée de francs-papier, provoque bas salaires et surtout longues journées de travail pour les ouvriers obligés de parer à l'affaiblissement du pouvoir d'achat du franc déprécié. D'où surproduction et chômage, c'est-à-dire double profit pour les industriels disposant de stocks de marchandises et de main-d'œuvre bon marché et docile.

S'ils étaient réellement des patriotes, les industriels du Comité des Forges n'exigeraient pas de leurs clients étrangers et surtout de leurs clients français le payement de leurs marchandises en livres sterling ou en dollars; ils payeraient en monnaie saine (or ou argent), puisqu'ils en possèdent, leurs contributions à l'Etat et les salaires de leurs ouvriers et ils cesseraient d'employer leur métal et l'activité de leurs ouvriers à la fabrication de choses inutiles ou nuisibles à l'humanité, tout en se montrant moins avides de gros bénéfices et moins mégalomanes dans le développement de leurs entreprises. C'est trop leur demander.

Présentement, une réaction se produit. Soucieux des intérêts de leurs commerçants et industriels nationaux, menacés par les entreprises du Comité des Forges de France, les financiers anglais et américains, redoutant les répercussions sur la vie sociale et économique de leurs pays (marasme des affaires, chômage, grèves) sont venus prêter, contre solides garanties (encaisse-or de la Banque de France), moyennant une bonne commission que les contribuables payeront (5 fr. 50 %), leur appui financier momentané, au crédit de la France ébranlé. D'autre part, les industriels transformateurs, tributaires du Comité des Forges, qui, à l'abri des tarifs douaniers prohibitifs (protectionnisme), leur vend excessivement chers la fonte et l'acier, protestent contre les agissements des magnats de cet organisme qui exportent la plus grosse partie de leur production à l'étranger sans se soucier des besoins du marché intérieur. Rationnés, payant très cher à des intermédiaires le peu de métal qu'on leur dispense, les transformateurs vont en appeler au gouvernement. En attendant, comme les agriculteurs, les fabricants du textile et les commerçants, ils se rattraperont sur les consommateurs et la vie augmentera davantage.

Le Comité des Forges qui, depuis 1912, gouverne effectivement la France avec ses créatures, les Millerand et les Poincaré, avocats retors et souples, avec l'appui de la presse, surtout par la *Journée Industrielle*, l'*Information*, les *Débats* et le *Petit Parisien*, agissant chacun dans leur sphère particulière, sur l'opinion d'une grande partie de la population française, soutient occultement, outre la « Ligue des Intérêts Economiques » qui nous valut le Bloc National, des associations diverses comme la « Ligue Civique » et celles des Chefs de Section qui peuvent, à la faveur des événements, se transformer en organismes de réaction sociale et économique analogues aux fascistes italiens, aux nationalistes allemands, aux anciens combattants belges qui, pour donner le change sur leur caractère réactionnaire, prétendent faire rendre gorge aux mercantis et aux nouveaux riches, mais ne sont en réalité que les mercenaires des grands industriels, qui ont sciemment ruiné et dépouillé la classe moyenne et écrasé et abruti la classe populaire.

Récemment, le capital des Etablissements Schneider et Cie, qui était de 50 millions, a été porté à 100 millions par la création de 125.000 actions de 400 francs dont une moitié est souscrite par divers groupes (lisez : réservée aux administrateurs et à certaines banques et firmes industrielles qui recevront des titres sans fournir de capitaux, et l'autre, offerte aux actionnaires actuels à 1.150 francs à titre irréductible ou à titre réductible à raison d'une action nouvelle pour deux anciennes possédées et, ultérieurement, au public, à titre réductible, dans la mesure des disponibilités laissées par l'exercice des droits des actionnaires actuels.

Depuis la guerre, c'est la seconde fois que Le Creusot augmente son capital. La précédente augmentation avait été plus discrète et avait surtout consisté à transformer les énormes bénéfices de guerre du Creusot en actions de préférence pour les administrateurs et les gros actionnaires, à l'instar d'autres Sociétés profiteuses de guerre, fournissant des bilans truqués pour dissimuler leurs bénéfices de guerre et échapper au fisc, pourtant, complaisant.

Bien que les gros industriels de l'Est aient ruiné les petites entreprises de France, ils aident encore, comme de Wendel autrefois, les armuriers de Rehon, Sedan et Charleville, les petits maîtres de forges de Champagne et de Franche-Comté de leurs capitaux, de leur fonte et de leur minerai.

*
* *

Voici la composition de la Commission de Direction du Comité des Forges, le plus influent des syndicats patronaux français. La grosse sidérurgie de l'Est y est prépondérante.

Président : F. de Wendel (Jœuf, Knüttange, Rouen (Grand-Quevilly);

Vice-Présidents : A. Dreux (Longwy Mont Saint-Martin) et Lorraine Minière et Métallurgique (Thionville); L. Pralon (Denain-Anzin); Léon-Lévy (Rouen); Th. Laurent (Homécourt, Rombas, Caen et Allevard); Robert Pinot, secrétaire délégué de la Commission de direction (représentant du patronat à la S. D. N.);

Trésorier : Baron Xavier Reille (Alais, Bessèges et Tamaris);

Membres de la Commission : Jules Bernard (Nord et Est, à Jarville et Trith-St-Léger); Bethmont (Electro-Métallurgique de Dives); Boutmy (Margut); Cavallier (Pont-à-Mousson, Micheville); Claudinon (Chambon-Feugerolles); Dondelinger (Senelle-Maubeuge); Dumuis (Firminy), Ferry (Bussy); R. Fould (Pompey), G. Picot (Commentry-Fourchambault, Decazeville); Heurteau (Homécourt); Labbé (Longwy, Gorcy, Saulnes); Mercier (Aciéries de France à Isbergues et Calais); baron Pellet (Hagondange); Petin (Basse-Indre); Taffanel (Châtillon-Commentry-Neuves-Maisons); H. de Wendel (Hayange, Moyeuvre, Terres-Rouges); baron de Nervo (Saut-du-Tarn à Saint-Juéry).

Eug. Schneider, Jean Schneider et Aubrun, du Creusot, quoique adhérents au Comité, se sont retirés de sa direction.

Le nombre des firmes adhérentes au Comité des Forges est de 290. Pour la nomination de la Commission de direction, chaque adhérent a autant de voix que sa cotisation renferme de fois la somme de 200 francs, sans que le nombre des voix d'un adhérent puisse être supérieur à 20.

La liste des membres ci-dessus, proposée par la Commission sortante, a été élue par un nombre de voix allant de 866 à 887.

Dans l'*Usine*, revue du Comité des Forges, on a pu lire récemment ceci : « Les producteurs français de fonte sont dans une situation exceptionnellement bonne ; tous les acheteurs du continent sont les leurs.

« Il n'y a plus de concurrence, et, quels que soient les prix, on vend en Grande-Bretagne, en Belgique, en Allemagne, en Tchéco-Slovaquie, en Autriche, en Italie, en Espagne.

« Notre grande concurrente pour la fonte hématite, la Grande-Bretagne, préfère éteindre ses hauts-fourneaux, car quoique très chers, nous vendons encore au-dessous du prix de revient des pays à change élevé. »

La prospérité des gros industriels du Comité des Forges de France peut avoir de graves conséquences économiques et sociales. Elle crée en France bas salaires, longues journées, chômage, cherté de la vie, rareté du métal ; en Angleterre : chômage, marasme des affaires et provoque la réaction des financiers anglo-saxons venant au secours de leurs industriels. Si, de ce fait, les industriels français, ne pouvant écouler leurs produits, doivent les stocker, un conflit naîtra qui peut aboutir à la guerre entre la France et l'Angleterre, menacées de révolution sociale.

Cette guerre future, on la prépare déjà. Les arsenaux regorgent d'engins guerriers et de munitions fabriquées par les industriels du Comité des Forges, cependant que le gouvernement belge, à l'instigation occulte du gouvernement français, crée une flotte de guerre et fortifie le port de Zeebrugge, pour en faire une base d'attaques navales et aériennes contre l'Angleterre qui, pour se défendre, ménage l'Allemagne et la Russie et recherche des alliés éventuels comme l'Italie, l'Espagne, la Roumanie, le Japon.

Ces travaux du port de Zeebrugge sont finances par la Banque de Bruxelles alliée, par son administrateur, J. Jadot, également administrateur de l'*Union Parisienne* et de l'*Union Européenne*, à ces banques des de Wendel et Schneider.

Jean Poirey-Clément.

(*Paris-Vaugirard*, 1er mars 1924.)

Nous recommandons la lecture des ouvrages suivants :

Les Rois de Babel, par Maurice Verne, 7,50 franco.

Les Hauts-Fourneaux et la *Houille Rouge*, par Michel Corday (2 vol., 7,50 chaque).

Les Profiteurs de la Guerre, par Mauricius.

Les Misérables, par L. Marle (édition du *Bien Public*).

Les Requins de la Finance, par J.-L. Delvy (0,20).

La Haute-Banque contre les Peuples, par André Lorulot (0,50).

www.ingramcontent.com/pod-product-compliance
Lightning Source LLC
LaVergne TN
LVHW010303230826
846091LV00007BB/2689
* 9 7 8 2 3 2 9 0 8 8 0 2 0 *